# だんだん できてくる

# 遊園地

株式会社東京ドーム／監修

イスナデザイン／絵

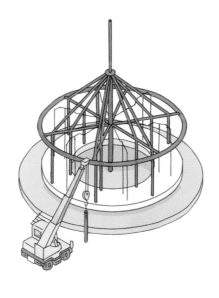

フレーベル館

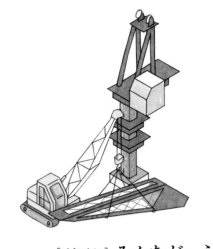

# もくじ

# はじめに

## みんなが、えがおになるばしょ

お休みの日、家族で遊園地に行くことになりました。
前の日から、うきうき、そわそわ。早く朝が来ないか、まち遠しくてしかたないですね。

朝おきて、いそいでしたくをして、遊園地にゴー！　ゲートをくぐったそのときから、まほうにかかったみたいに、楽しい時間がはじまります。
カラフルなたてものがあちこちにあって、どれもこれも気になります。アトラクションもたくさん。ジェットコースターやバイキングにのって、心ぞうがふわっとするような、ちょっぴりこわい気分をあじわったり、メリーゴーラウンドから家族に手をふったり、かんらん車から町を見下ろして、自分の家はどのあたりかさがしてみたり。

子どもも、おとなも、いつの間にか、えがおになっています。それが、遊園地というばしょのみりょくです。

さて、遊園地をつくることになりました。
どのようにつくられているのでしょうか。
だんだんできてくるようすを、見てみましょう。

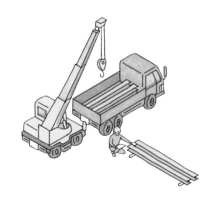

3

# 遊園地をつくる

ここに遊園地をつくろう。
遊園地ができたら、人があつまり、えがおがあふれる。

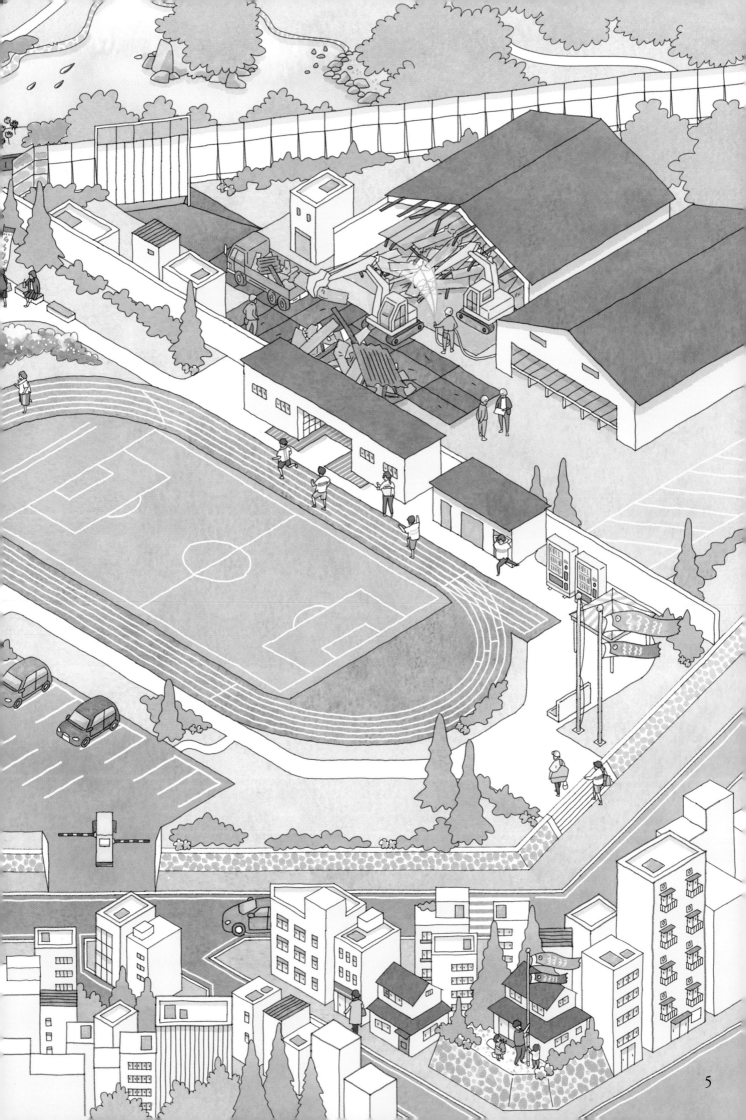

# 土地を<br>たいらに<br>する

　遊園地をつくる広い土地をようして、古いたてものをこわし、ダンプトラックでがれきをはこび出す。地面がでこぼこしていたら、ブルドーザーでたいらにならす。

　おくでは、たてものをたてはじめている。土台は、てっきん（てつのぼう）とコンクリートでがんじょうにつくる。

## バックホウ

長いアームの先に、バケットなどの「アタッチメント」をとりつけ、地面をほったり、ものをすくいとったりする。

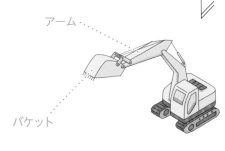

アーム

バケット

バケットを
パクラーに
かえると……

パクラー

## かい体よう<br>じゅうき（重機）

パクラーという大きなはさみで、かたいものを切ることができる。

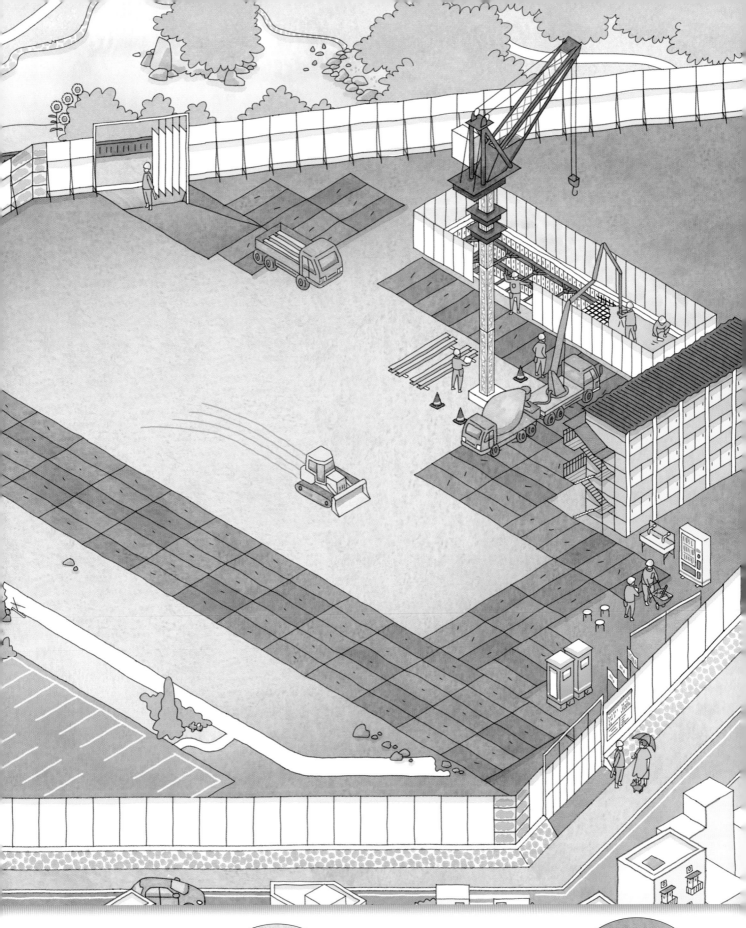

## ブルドーザー
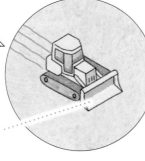
ブレードを前におすこと
で、土などをならし、た
いらにする。

ブレード

## ダンプトラック

に台にたくさんのものをの
せて、はこぶことができる
トラック。

# ジェットコースターの柱を立てる

　ジェットコースターのレールをつけるための柱を、高くしたりひくくしたりして、山の形につくっていく。

　まずは柱の土台づくり。柱がぐらぐらしたり、たおれたりしないように、ねもとをコンクリートでがっちりかためる。そこに、柱をボルトでくっつける。長い柱なら、地上で何本かをボルトでつないでから立てていく。

柱の土台

いのちづな

## 高いところでさぎょうする

　柱をたてにつないだり、レールをつなげたりするときは、人が柱にのぼってさぎょうすることもあります。柱には、足をかけてのぼるところをつけてあります。おちたらとてもあぶないので、いのちづなをつけてさぎょうします。

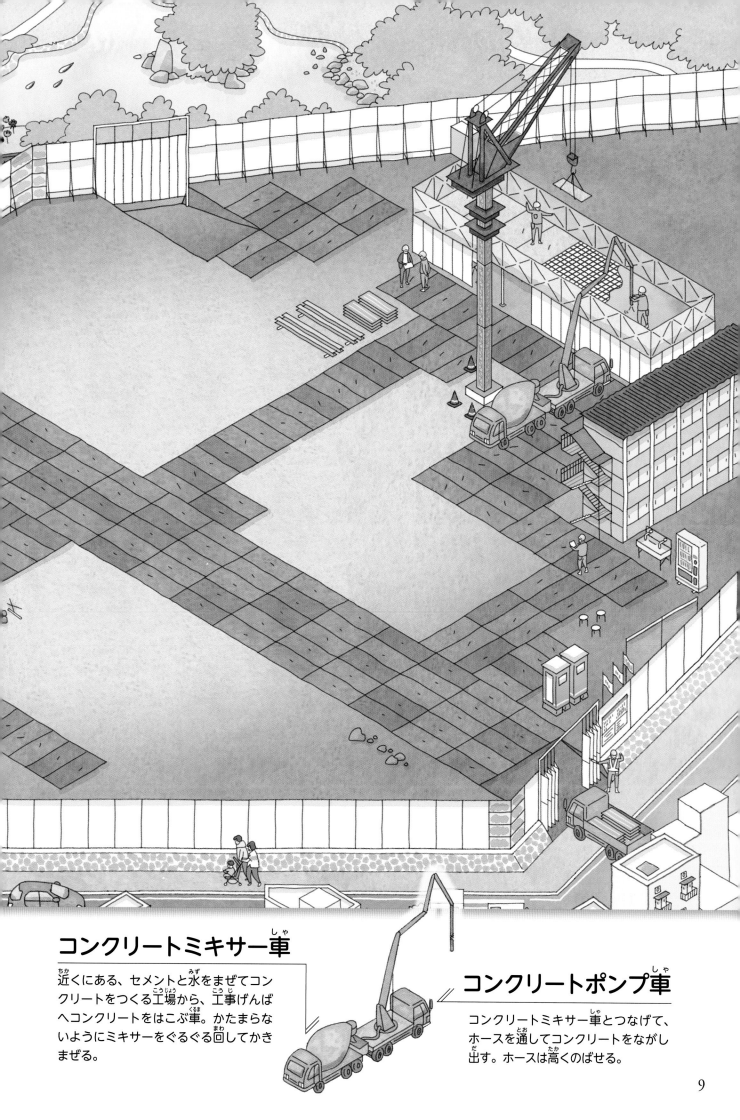

## コンクリートミキサー車

近くにある、セメントと水をまぜてコンクリートをつくる工場から、工事げんばへコンクリートをはこぶ車。かたまらないようにミキサーをぐるぐる回してかきまぜる。

## コンクリートポンプ車

コンクリートミキサー車とつなげて、ホースを通してコンクリートをながし出す。ホースは高くのばせる。

# ジェットコースターのレールをつなぐ

　柱の上にレールをとりつけ、レールどうしもつなげていく。ジェットコースターがあんぜんに走れるように、一つひとつ、ボルトでしっかりとめるんだ。スタートからゴールまで、ぐるりとつながるように、柱を立ててレールをつけてのさぎょうをくりかえす。

レールとレールは、ボルトでしっかりつなぎとめる。

## 高しょさぎょう車

バスケットに人をのせて、さぎょうするばしょの近くまでよせる。高くて立つところがないばしょなどでやくに立つ。

バスケット

## タワークレーン

高さをかえられるクレーン。高いところにざいりょうをはこぶときにつかう。

# ジェットコースターが走るしくみ

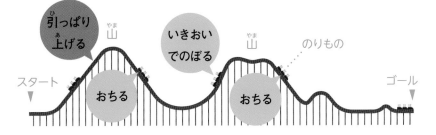

引っぱり上げる　山　いきおいでのぼる　山　のりもの
スタート　おちる　おちる　ゴール

ジェットコースターは、のりものにエンジンがついているわけではありません。いちばんはじめの高い山をのぼるとき、のりものをチェーンでつってモーターの力で引き上げ、「山」からおちるいきおいをエネルギーにして、つぎの山をのぼり、ゴールまで走ります。

11

# 回る
# のりものを
# つくる

遊園地には、ティーカップやメリーゴーラウンドなど、回るうごきをするのりものがある。ほね組みをつくりながら、それをうごかすきかいもとりつける。

きかいは、コンピューターであやつっている。のりものの形だけでなく、のりものをうごかすきかいのしくみもいっしょに考えてせっけいする。

ティーカップ

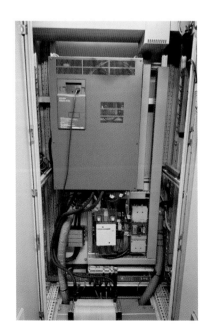

## コンピューターでうごかす

のりものは、コンピューター（左のしゃしん）でうごかします。うごく、止まるなどのそうさは、プログラミングしてあって、かかりの人は、おきゃくさんのあんぜんをたしかめてからスイッチをおして、そのプログラムをうごかします。また、コンピューターでも、あんぜんをチェックしています。

メリーゴーラウンド

# メリーゴーラウンドのしくみ

　メリーゴーラウンドでは、歯車をつかっています。よこに回る歯車と、たてに回る歯車をかみ合わせて、たてに回る歯車についたクランクじくを回します。クランクじくのとちゅうのまげられたところに馬をつり下げることで、馬が上下します。

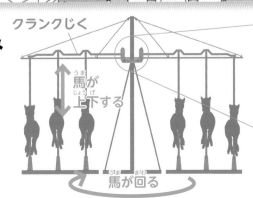

クランクじく

馬が
上下する

馬が回る

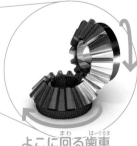

たてに回る歯車

よこに回る歯車

# かんらん車の土台をつくる

つぎは、かんらん車をつくる。かんらん車も、回るのりもののひとつ。

まずはかんらん車をささえる土台をつくろう。てっこつを組み合わせてつくっていく。かたむいたり、ぐらぐらしたりしないようにしっかりつなぐ。

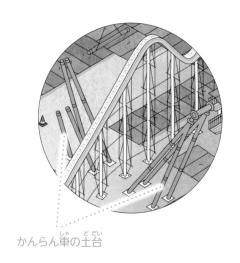

かんらん車の土台

## かんらん車のしゅるい

かんらん車は、じてん車のタイヤのようにホイールの中心をおさえて回るものと、リングのようになったものがあります（この本のかんらん車は、リングのタイプです）。リングのかんらん車は、リングにレールがついていて、レールにそってゴンドラがうごきます。

中心

ゴンドラ

リング

レール

ホイール

## ラフタークレーン

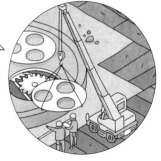

いどうしきのクレーンのひとつ。小型なので、あまり高いところでさぎょうできないが、タイヤがついていて自分で走ることができてべんり。

# かんらん車のホイールを、組む

いよいよかんらん車の土台に、ゴンドラが回るリングをとりつける。

かんらん車のリングは、三角形のほね組みを組み合わせたトラスというつくりにする。トラスにするのは、まがりにくく、強くつくれるから。

下からじゅんにほね組みを組んでいき、リングの形をかんせいさせる。

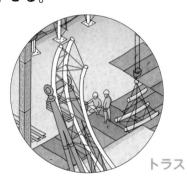

トラス

四角形はゆがみやすいけれど、三角形はゆがみにくい。

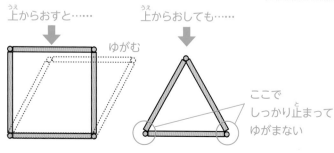

上からおすと……

ゆがむ

上からおしても……

ここでしっかり止まってゆがまない

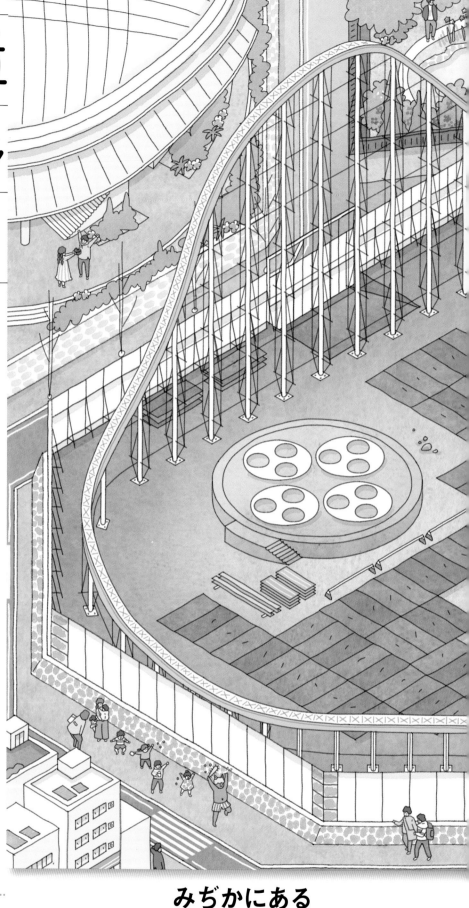

## みぢかにあるトラスのつくり

三角形をつかってがんじょうなつくりにするやり方は、みぢかなところでたくさん見つけられます。ぜひ、みのまわりをさがしてみましょう。

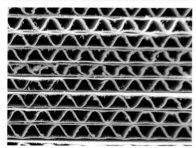

だんボールのだんめん。

ブランコの柱。

橋のほね組み（長野県上田市の千曲川橋梁）。

# ブランコの
# しくみを
# つくる

　船が左右にうごくバイキングは、ブランコのしくみと同じ。上のよこぼうから、おもり（船）をつり下げた形をしている。

　船がゆれて、いちばん高いところに来ると、体がふわっとういたようになる。上にのぼる力と下がろうとする力がちょうどつり合って、うちゅうのむじゅう力みたいにかんじるんだ。

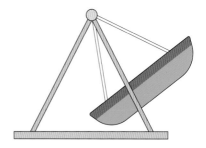

## ブランコのしくみ

　ものを高いところからおとすと、そのいきおいがエネルギーになります。ブランコのしくみでは、下におちたあと、そのいきおいで上に上がります。ジェットコースターとも同じ力のはたらき（→11ページ）です。

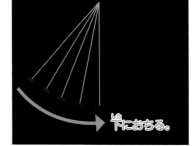

下におちる。

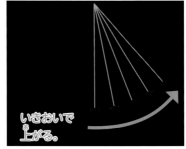

いきおいで
上がる。

## しゅうりしやすくするくふう

かんらん車のレールをうごかすきかいは、下のほうにあります。てんけんやしゅうりがしやすいからです。きかいで小さなタイヤを回し、それでレールをはさんで回します。

# ゴンドラや車などをつける

さいごのしあげは、おきゃくさんがのるところをつけること！ ティーカップのカップや、メリーゴーラウンドの馬、ジェットコースターの車、かんらん車のゴンドラをとりつける。すると、遊園地は一気ににぎやかになる。

木をうえたり、食べものやさんや入り口のゲートをつくったりして、どんどんしあげをすすめる。

## ゴンドラはバランスよくつける

ゴンドラをつけるときは、どちらかにおもさがかたよる時間をみじかくするために、レールを左右にうごかしながらじゅんにとりつけていきます。工事中に、たおれるようなじこがおきないためのくふうです。

❶のゴンドラをとりつける。

ゴンドラ……❶

レールを右にうごかし、❷のゴンドラをとりつける。

レール……❷❶

レールを左にうごかし、❸のゴンドラをとりつける。

❷❶❸……

## 万が一のそなえ

　遊園地ののりものは、毎日、おきゃくさんをあんぜんにのせることができなくてはなりません。そのため日ごろからてんけんをしたり、おきゃくさんをたすけるくんれんをしたりして、万が一のときにそなえています。

# 遊園地ができた！

# おわりに

## 思い出がきずなをふかめる

楽しげな遊園地ができました。

家族や友だちどうしなど、たくさんのおきゃくさんがあつまり、今日も遊園地はにぎやかです。

のりものにのっているときだけでなく、人気ののりものにのるためにならんでまつ間も、おしゃべりがはずんでいます。

遊園地はとくべつなばしょ。

いつだって、明るいふんいきで、おきゃくさんをむかえてくれます。そして、人々のわくわくする気もちがあつまって、えがおであふれています。

遊園地であそんだきおくは、いつかだいじな思い出になります。そして、家族や友だちときずなをふかめていくでしょう。

みぢかな遊園地を見てみましょう。
どんなのりものがあるか、しらべてみましょう。
きっと、新しいはっけんがあるはずです！

# わくわく どきどき 遊園地（ゆうえんち）

## ｜ 遊園地（ゆうえんち）のはじまり
## みんなを楽（たの）しませる公園（こうえん）

せかいでいちばん古（ふる）い遊園地（ゆうえんち）は、デンマークの「デュアハウスバッケン」だといわれています。デュアハウスバッケンは、今（いま）から440年前（ねんまえ）にきれいないずみが発見（はっけん）され、かんこう地（ち）としてにぎわった土地（とち）でした。やがて王（おう）さまがここに公園（こうえん）をつくり、今（いま）から120年（ねん）くらい前（まえ）には、きかいのアトラクションをおくようになって、今（いま）のような遊園地（ゆうえんち）らしいすがたになったといわれています。

デュアハウスバッケン（デンマーク）をかいた絵（え）
1840年（ねん）ごろ。人々（ひとびと）があつまるかんこう地（ち）だった。
©Cynet Photo

今（いま）のデュアハウスバッケン
すっかり遊園地（ゆうえんち）らしいすがたになった。
©Cynet Photo

浅草花（あさくさはな）やしき（東京都（とうきょうと））
1949年（ねん）のようす。いろいろなアトラクションがおかれている。 写真提供／浅草花やしき

日本（にほん）では、1853年（ねん）に、江戸（えど）の浅草（あさくさ）（東京都（とうきょうと））で「花屋敷（はなやしき）」がひらかれたのが遊園地（ゆうえんち）のはじまりだといわれています。花屋敷（はなやしき）は、今（いま）では「浅草花（あさくさはな）やしき」という遊園地（ゆうえんち）ですが、はじめは花（はな）を楽（たの）しむ公園（こうえん）、その後（ご）、どうぶつ園（えん）となり、1947年（ねん）にアトラクションのある遊園地（ゆうえんち）となりました。1953年（ねん）につくられたローラーコースターは今（いま）でも走（はし）っていて、日本（にほん）で今（いま）のこっている、いちばん古（ふる）いローラーコースターとしてゆうめいです。

# くらべてみよう
# のりものの今むかし

遊園地のアトラクションは、古くなったり、ぎじゅつが上がったりして、たてかえをすることがあります。どんなふうにかわったのか、東京都にある東京ドームシティ アトラクションズのれいを見てみましょう。

## ジェットコースター

東京ドームシティ アトラクションズ（もとの後楽園ゆうえんち）のジェットコースターは、1955年にできたのりもの。レールの長さもはやさも、今ではぐっと進化しているよ。

[1955年]ジェットコースター
[長さ]550メートル
[走るはやさ]じそく50キロメートル

[2003年〜]サンダードルフィン
[長さ]1100メートル
[走るはやさ]じそく130キロメートル

[1961年]大かんらん車
[ゴンドラの数]12台

[2003年〜]ビッグ・オー
[ゴンドラの数]40台

## かんらん車

かんらん車も、1961年のできたてのころと、すがたがだいぶかわっている。大きさもゴンドラの数もちがうけれど、まん中をなくして、リングの中をジェットコースターが通れるようにして、おきゃくさんをびっくりさせたよ。

写真提供／東京ドームシティ アトラクションズ

# 楽しさいっぱい！
# せかいの遊園地

## イギリス

### ディガーランド
#### 工事げんばじゃないよ！

イギリス国内に4かしょある、じゅうきの遊園地。イギリスのじゅうき会社がやっていて、自分でじゅうきをうごかしたり、じゅうきをかいぞうしたアトラクションにのったりすることができる。

## ドイツ
## ヨーロッパパーク

### ヨーロッパでいちばん広い遊園地

ドイツのルストという町にあって、広さは東京ドーム20こ分。さまざまな国をイメージしたエリアがあって、アトラクションやショーの数は、なんと100いじょうもあるんだって！

## ブラジル

## ベット・カレーロ・ワールド

### びっくりする広さの遊園地

東京ドームやく300こ分という、とても1日では回りきれないほど広い遊園地。11のエリアに分かれていて、のりもののエリアだけでなく、どうぶつ園も入っているよ。

© Cynet Photo

## ベトナム

## スイティエン公園

### かみさまがたくさん！

ベトナムの大きな町、ホーチミンにある仏教やベトナムの神話をテーマにした遊園地。カラフルなかざりがにぎやかで、プールやのりものがもりだくさん。広さは東京ドーム22こ分いじょうもあるよ。

© Cynet Photo

28

# のりものにちゅうもく！
# 日本にもあるせかい一

## ビッグ・オー
### あな空きの観覧車 !?

東京ドームシティ アトラクションズ（東京都）にあるビッグ・オーは、ほね組みのリングのそとがわにレールがあって、ゴンドラをうごかしているんだ。このようなかんらん車をつくったのは、東京ドームシティ アトラクションズがせかいではじめてなんだって。

写真提供／東京ドームシティ アトラクションズ

## ええじゃないか
### かいてん数、せかい一

富士急ハイランド（山梨県）の「ええじゃないか」は、のっている間に14回もくるくる回るコースター。レールがぐるりと回るだけでなく、ざせきもくるくる回るようになっていて、さけばずにはいられない！

写真提供／富士急ハイランド

## スチールドラゴン2000
### 長さ、せかい一

ナガシマスパーランド（三重県）の「スチールドラゴン2000」は、せかい一長いコースター。2479メートルという長さを、だいたい4分かけて走るんだ。まるでドラゴンのせなかにのっているような、気もちよさがあるよ。

写真提供／ナガシマスパーランド

29

# わくわく

遊園地の工事でかつやくする

# じゅうき 重機

### バックホウ

アームにつけたシャベルで、かきこむように土をほる。土だけでなく、こわしたたてもののがれきをうごかすのにもやくに立つ。

### ブルドーザー

土をおして、でこぼこの地面をたいらにする。

### かいたい用じゅうき

バックホウのシャベルを、パクラーなどの大きなはさみにかえたもの。てつのぼうを切ったり、コンクリートブロックを細かくくだいたりすることができる。

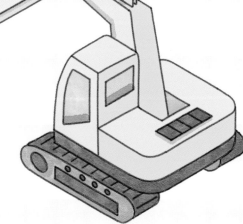

30

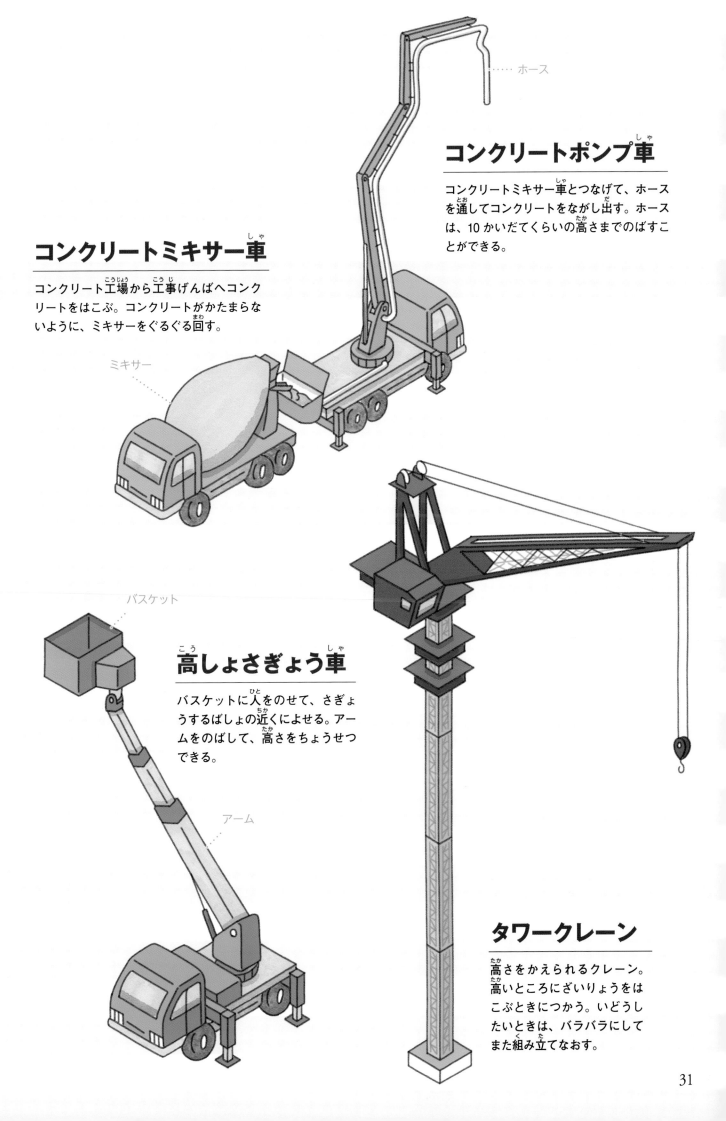

……ホース

## コンクリートポンプ車

コンクリートミキサー車とつなげて、ホースを通してコンクリートをながし出す。ホースは、10 かいだてくらいの高さまでのばすことができる。

## コンクリートミキサー車

コンクリート工場から工事げんばへコンクリートをはこぶ。コンクリートがかたまらないように、ミキサーをぐるぐる回す。

ミキサー

バスケット

## 高しょさぎょう車

バスケットに人をのせて、さぎょうするばしょの近くによせる。アームをのばして、高さをちょうせつできる。

アーム

## タワークレーン

高さをかえられるクレーン。高いところにざいりょうをはこぶときにつかう。いどうしたいときは、バラバラにしてまた組み立てなおす。

31

［監修］株式会社東京ドーム
https://www.tokyo-dome.jp/

［絵］イスナデザイン（野口理沙子・一瀬健人・佐藤香絵）
イスナデザインは、一級建築士でイラストレーターの野口理沙子と一瀬健人が主宰するユニット。建築的な思考をベースに2次元と3次元を行き来しながら"2.5次元のケンチク"に取り組んでいる。イラスト制作・建築設計・立体造形など、複数人でつくるプロジェクトを行っている。
野口理沙子は、京都府生まれ。神戸大学工部建築学科卒業、同大学大学院修了。石本建築事務所、永山祐子建築設計を経て、2018年からイスナデザインを主宰。
一瀬健人は、大阪府生まれ。神戸大学工学部建築学科卒業、同大学大学院修了。隈研吾建築都市設計事務所を経て、2018年からイスナデザインを主宰。

［装丁・本文デザイン］
FROG KING STUDIO（近藤琢斗、森田直）
［編集協力・DTP・カットイラスト］
WILL（戸辺千裕・小林真美）
［校正］
村井みちよ

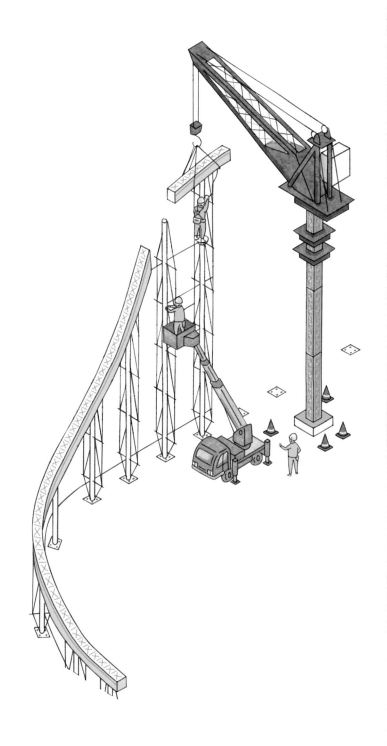

だんだんできてくる⑧
# 遊園地

2024年 3月　初版第1刷発行
2024年 7月　初版第3刷発行

［発行者］吉川隆樹

［発行所］株式会社フレーベル館
　　　　　〒113-8611 東京都文京区本駒込 6-14-9
　　　　　電話　営業 03-5395-6613　編集 03-5395-6605
　　　　　振替　00190-2-19640

［印刷所］TOPPAN 株式会社

NDC510 ／ 32 P ／ 31 × 22 cm
Printed in Japan
ISBN 978-4-577-05150-4

乱丁・落丁本はおとりかえいたします。
フレーベル館出版サイト　https://book.froebel-kan.co.jp

# だんだんできてくる

まちたんけんに
## GO!

［全8巻］

できていくようすを
定点で見つめて描いた
絵本シリーズです

「とても大きな建造物」や
「みぢかなたてもの」、
「たのしいたてもの」が
どうやって形づくられたのかが
わかる！

## 1 道路
監修／鹿島建設株式会社
絵／イケウチリリー

## 2 マンション
監修／鹿島建設株式会社
絵／たじまなおと

## 3 トンネル
監修／鹿島建設株式会社
絵／武者小路晶子

## 4 橋
監修／鹿島建設株式会社
絵／山田和明

## 5 城
監修／三浦正幸
絵／イケウチリリー

## 6 家
監修／住友林業株式会社
絵／白井匠

## 7 ダム
監修／鹿島建設株式会社
絵／藤原徹司

## 8 遊園地
監修／株式会社東京ドーム
絵／イスナデザイン

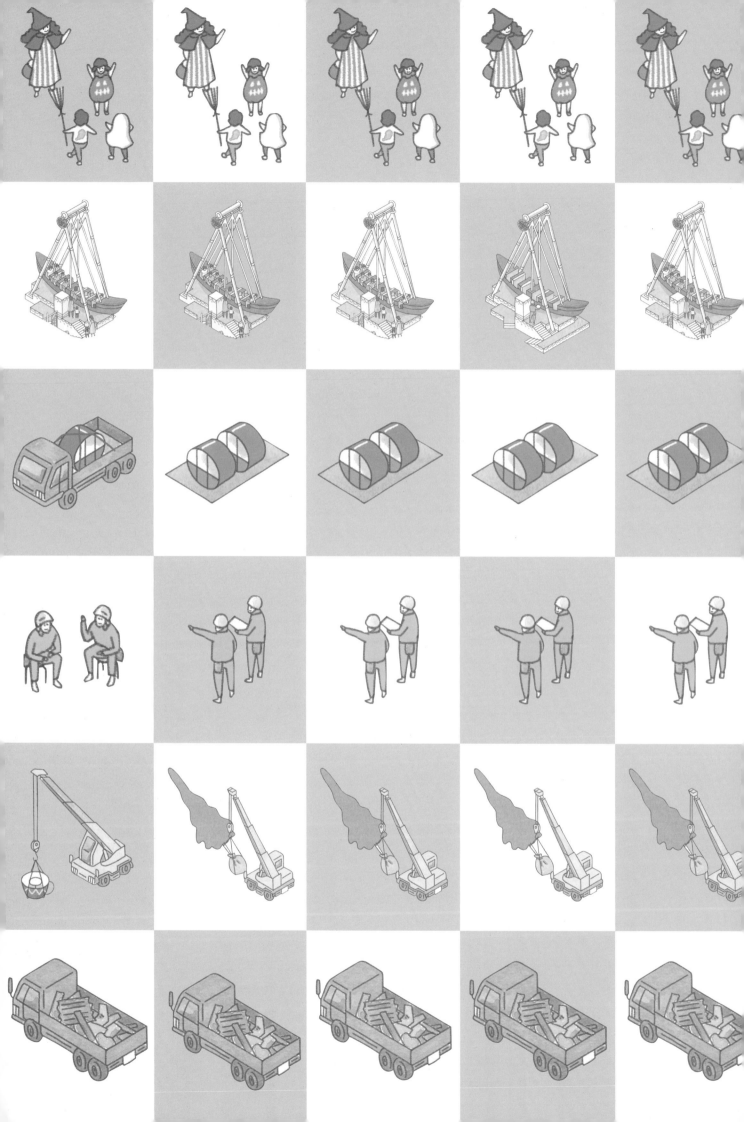